Irina Eversmeyer

Schüler (be)sucht Bauer: Vorbereitung für die Erkundung eines landwirtschaftlichen Betriebes

Unterrichtsstunde Erdkunde, Klasse 5

GRIN Verlag

Bibliografische Information der Deutschen Nationalbibliothek:

Die Deutsche Bibliothek verzeichnet diese Publikation in der Deutschen National-
bibliografie; detaillierte bibliografische Daten sind im Internet über http://dnb.d-
nb.de/ abrufbar.

Impressum:

Copyright © 2008 GRIN Verlag GmbH
Druck und Bindung: Books on Demand GmbH, Norderstedt Germany
ISBN: 978-3-640-35357-6

Dieses Buch bei GRIN:

http://www.grin.com/de/e-book/128322/schueler-be-sucht-bauer-vorbereitung-fuer-
die-erkundung-eines-landwirtschaftlichen

GRIN - Your knowledge has value

Der GRIN Verlag publiziert seit 1998 wissenschaftliche Arbeiten von Studenten, Hochschullehrern und anderen Akademikern als eBook und gedrucktes Buch. Die Verlagswebsite www.grin.com ist die ideale Plattform zur Veröffentlichung von Hausarbeiten, Abschlussarbeiten, wissenschaftlichen Aufsätzen, Dissertationen und Fachbüchern.

Besuchen Sie uns im Internet:

http://www.grin.com/

http://www.facebook.com/grincom

http://www.twitter.com/grin_com

Seminar GHR (Sekundarstufe I), Bielefeld

Unterrichtsentwurf anlässlich des 1. Unterrichtsbesuchs im Fach Erdkunde

Name der Lehramtsanwärterin:	I. E.
Schule:	xxx
Datum/Zeit:	Dienstag, 04.03.2008, 8:00 – 8:45 Uhr (1. Stunde)
Fach:	Erdkunde
Klasse:	5a
Fachlehrer:	xxx
Fachleiter:	xxx
Schulleiter:	xxx
Ausbildungskoordinatorin:	xxx

Thema der Unterrichtsreihe: Landwirtschaft in Deutschland

Thema der Unterrichtsstunde: Schüler (be)sucht Bauer: Vorbereitung für die Erkundung eines landwirtschaftlichen Betriebes

Stellung der Stunde in der Unterrichtsreihe:

1. Was kommt vom Bauernhof? – Schüler bringen landwirtschaftliche Produkte mit
2. Mehlwürmer: Ein Vorratsschädling
3. Das Gewächshaus: Intensivlandwirtschaft Salat
4. Die Landwirtschaft verändert sich
5. Massentierhaltung: Viel Vieh auf wenig Raum
6. Das Hausschwein
7. Bananen aus Mittelamerika: Landwirtschaft außerhalb Deutschlands
8. **Schüler (be)sucht Bauer: Vorbereitung für die Erkundung eines landwirtschaftlichen Betriebes**
9. Schüler (be)sucht Bauer: Organisation
10. Schüler (be)sucht Bauer: Erkundung des Brüggemeier Hofs
11. Schüler (be)sucht Bauer: Nachbereitung der Erkundung

Lernziele der Unterrichtsstunde:

Die Schülerinnen und Schüler[1] sollen aktiv in die Vorbereitung einbezogen werden und in einer Gruppenarbeit Fragen formulieren, die dem Landwirt bei der Betriebserkundung gestellt werden sollen.

Die Schülerinnen und Schüler

- erfahren die Vorbereitung einer Erkundung
- entnehmen gezielt Informationen aus einem Text
- formulieren gemeinsam in der Gruppe Fragen an den Landwirt, die zur Erstellung eines Fragebogens dienen
- präsentieren die Fragen an der Tafel.

Lernvoraussetzungen der Schüler

Die Schulklasse 5a setzt sich aus 24 SuS im Alter von durchschnittlich 11 Jahren zusammen. Darunter sind 14 Mädchen und 10 Jungen. Die Lerngruppe hat bei Herrn X . zwei Stunden wöchentlich Erdkundeunterricht und kennt mich, als Referendarin, seit Anfang Februar. Herr X. hat bereits mit der Unterrichtseinheit „Landwirtschaft in Deutschland" begonnen und ich habe zunächst einige Stunden hospitiert, bevor ich dann mit seiner Unterstützung den Unterricht übernommen habe.

Bei dieser Klasse handelt es sich um eine durchschnittliche und heterogene Lerngruppe, die sich stets interessiert und motiviert neuen Themen gegenüber zeigt. Insbesondere bei der mündlichen Mitarbeit sind viele Schüler sehr engagiert dabei, was teilweise bis zum Hineinrufen in die Klasse führt. Dies ist vor allem bei den Jungen L., V. und T. der Fall, die mit ihren unangekündigten Bemerkungen für Unruhe sorgen, dessen Beiträge aber meist von Wert sind. Einige wenige Schüler sind im mündlichen Bereich eher zurückhaltend. Im Rahmen der Schwerpunkttage der Realschule wurden die SuS bereits mit den Regeln zur Gruppenarbeit bekannt gemacht. Während des Unterrichtsbesuchs werden in der Gruppenarbeit fünf Jungen absichtlich separiert und unterschiedlichen Gruppen zugeteilt, da es sonst zu Störungen kommen könnte. In den vorangegangen Stunden sind die SuS mit verschiedenen Themenbereichen der Landwirtschaft vertraut gemacht worden, so dass ihnen bereits Fachbegriffe bekannt sind.

---

[1] Im Folgenden abgekürzt durch SuS

Didaktisch – methodische Überlegungen:

Sachanalyse:

Die Methode „Erkundung" wird in besonders hohem Maße dem Prinzip der Handlungsorientierung gerecht. Auch der Lehrplan fordert den Besuch von außerschulischen Lernorten. Eine Erkundung dient in erster Linie der Veranschaulichung und eine Befragung liegt dieser zugrunde. Doch gezielt zu befragen ist mit großer Anstrengung verbunden. Somit verlangt diese Tätigkeit eine vorbereitende systematische Auswahl und Auswertung. Die Methode der Erkundung trägt wichtigen Lernprinzipien des Erdkundeunterrichts Rechnung und forschend – entdeckende Unterrichtsverfahren sollten ihren festen Platz im Schulprogramm haben.

Das Thema „Landwirtschaft" bietet sich besonders an, dieser methodischen Forderung nachzukommen, denn eine zunehmende Entfremdung von Landwirtschaft lässt sich festmachen und das, obwohl alle SuS täglich mit landwirtschaftlichen Produkten in Berührung kommen und durch diese versorgt werden. Der Besuch eines landwirtschaftlichen Betriebes ist in diesem Sinne ein denkbares Objekt, denn insbesondere durch reale Begegnungen mit Tieren, Pflanzen und Maschinen können die SuS einen wirklichen Eindruck von der Landwirtschaft bekommen. (vgl. Brakweh et al. 2003, S. 41)

Darstellung der didaktischen und methodischen Schwerpunkte:

Um das Lernen an außerschulischen Lernorten effektiv gestalten zu können, darf die Erkundung nicht losgelöst vom Unterricht in der Klasse betrachtet werden, sondern muss ein Teil davon sein. Insbesondere im vorbereitenden Unterricht sollen die SuS aktiv und selbstständig die Grundlagen für die Erkundung auf dem landwirtschaftlichen Betrieb erarbeiten, denn umso intensiver sind sie voraussichtlich bei der Sache und ein Lernerfolg ist wahrscheinlicher.

Als Stundeneinstieg werden der Klasse verschiedene landwirtschaftliche Erzeugnisse (z.B. Ei, Milch, Brot, Stroh) gezeigt und die SuS sollen diese beschreiben und deuten. Dieses geschieht einerseits, um die SuS auf die folgende Stunde neugierig zu machen und ihr Interesse zu wecken, andererseits, um den SuS eine erste Annäherung an die Erkundung auf dem landwirtschaftlichen Betrieb zu ermöglichen. Zudem kann davon ausgegangen werden, dass viele SuS schon allein durch die Ankündigung des Bauernhofbesuches motiviert werden, weil er eine Abwechslung zum üblichen Schulalltag darstellt.

Die Hinführung findet zunächst in Einzelarbeit statt, indem die SuS eigenständig den Text „Der Alltag auf einem landwirtschaftlichen Betrieb" lesen, um sich einen allgemeinen Überblick über das Leben und Arbeiten auf einem Bauernhof zu machen. Anschließend erfolgt die Erarbeitung und Formulierung der Fragen an den Landwirt in Gruppenarbeit. Ich nehme die Gruppeneinteilung vor, indem ich Motive aus der Landwirtschaft an die SuS verteile. Durch das Zusammensetzen der Puzzleteile sollen sie ihre Gruppe finden. Hiermit wird sichergestellt, dass bestimmte SuS nicht in einem Team sind. Die Form der Gruppenarbeit wird deshalb gewählt, da auch die Erkundung in Gruppen stattfindet. Somit können die SuS bereits in der Planung gemeinsam Fragen überlegen und in der Gruppe diskutieren. Aus zeitökonomischen Gründen werden arbeitsteilige Expertengruppen zu den Themen „Allgemeines zum landwirtschaftlichen Betrieb", „Arbeiten des Bauern", „Ausstattung des landwirtschaftlichen Betriebes", „Tierhaltung und Ackerbau" sowie „Früher und Heute" gebildet. Diese Themen sollen später die Oberthemen des Fragebogens darstellen. Durch die Aufteilung der Gruppen nach differenzierten Arbeitsaufträgen sollen die SuS sich als Experten für ihr Thema fühlen. Innerhalb der Gruppentische sollen die SuS den Text „Der Alltag auf einem landwirtschaftlichen Betrieb" zunächst noch einmal gründlich unter dem Aspekt ihrer Expertengruppe durchlesen und wichtige Informationen markieren. Das erneute Lesen und Markieren soll den SuS Themen aufzeigen, die ihnen im Anschluss bei der Formulierung der Fragen an den Bauern hilfreich sein könnten. Die Fragen sollen auf Kärtchen geschrieben werden. Dadurch, dass die Klasse intensiv in die Vorbereitung einbezogen wird und ihr eigenes Interesse äußern kann, erhöht sich der Aufbau einer motivierten Grundhaltung und die Wahrscheinlichkeit auf Mitarbeit.

Gesichert werden die Ergebnisse in Form einer Präsentation. Damit es keine Unstimmigkeiten in der Gruppe gibt, wird der Präsentierer von mir vorgegeben. Der Schüler, dessen Name als erstes im Alphabet steht, wird die Fragen an der Tafel vorstellen und festkleben. Das Vorstellen der Ergebnisse soll den SuS aufzeigen, welche Fragen sich die einzelnen Expertengruppen zu ihrem Spezialthema ausgedacht haben. Falls sich hieraus Diskussionsbedarf entwickelt, kann darauf eingegangen werden. Verbleibt am Ende der Stunde noch ein wenig Zeit, so verteile ich ein Fragebogenformular, in das die Schüler die selbst erstellten Fragen eintragen sollen. Reicht die Zeit nicht mehr, so sammle ich die Fragekarten ein. In der nächsten Stunde werden diese noch einmal zum Abschreiben aufgehängt, damit alle SuS den gleichen Fragebogen vorliegen haben und gut für die Erkundung vorbereitet sind. Als Hausaufgabe sollen sich die SuS Regeln überlegen, welche bei der Erkundung beachtet und eingehalten werden müssen.

Einordnung in den Kernlehrplan:

Die Richtlinien und Lehrpläne des Landes Nordrhein - Westfalen sehen für das 5. Schuljahr im Fach Erdkunde das Themenfeld „Landwirtschaft: Raumnutzung zur Nahrungsmittelversorgung" vor. Dabei werden die verschiedenen Produktions- und Verarbeitungsformen in Deutschland besonders angesprochen. Ebenso soll der Blick auf die Veränderungen in der landwirtschaftlichen Produktion, beispielsweise durch Mechanisierung und Intensivierung, gelenkt werden. Empfohlen wird die Erkundung eines landwirtschaftlichen Betriebes und/oder die Durchführung eines Projektes.

Der schulinterne Lehrplan für das Fach Erdkunde sieht auch die Unterrichtseinheit „Landwirtschaft in Deutschland" vor, gibt jedoch keine konkreten Inhaltsbereiche vor.

Literatur:

Brakweh, Catrin / Braun, Pedro / Dresler, Wolfgang / Gruner, Hardi / Junghanns, Gerhard / Kalla, Rainer / Palmen, Paul / Pinter, Georg / Porth, Christian / Schminke, Anne (2003): Terra Erdkunde 5/6. Realschule Nordrhein – Westfalen. Handbuch. Gotha: Klett.

Ministerium für Schule, Jugend und Kinder des Landes NRW (1993): Richtlinien und Lehrpläne für die Realschule in Nordrhein – Westfalen Erdkunde. Frechen: Ritterbach.

Stundenverlaufsplanung – 04.03.2007

Unterrichtsphase	Unterrichtsgeschehen	Sozialform	Medien
Einstieg	• Begrüßung und Vorstellung der Gäste • LAA[2] zeigt landwirtschaftliche Produkte • SuS beschreiben und deuten Produkte • LAA gibt die „Erkundung eines landwirtschaftlichen Betriebes" bekannt	Frontal Stummer Impuls Unterrichtsgespräch	Brot, Ei, Milchtüte, Stroh, Heu
Hinführung	• LAA nimmt Gruppenzuweisung vor • LAA verteilt Text „Der Alltag auf einem landwirtschaftlichen Betrieb" • SuS lesen Text • ggf. Fragen zum Text klären	Frontal Einzelarbeit Unterrichtsgespräch	Puzzleteile Text
Erarbeitung	• LAA verteilt Arbeitsaufträge an Gruppen • Arbeitsaufträge werden gemeinsam besprochen • SuS lesen Text ein zweites Mal durch und markieren wichtige Wörter • SuS arbeiten nach differenziertem Arbeitsauftrag gemeinsam in der Gruppe und formulieren Fragen an den Bauern, die sie auf Kärtchen schreiben • LAA steht den SuS unterstützend zu Seite	Frontal Unterrichtsgespräch Einzelarbeit Gruppenarbeit	Arbeitsauf- träge, Text, Kärtchen, Eddings
Sicherung	• LAA gibt SuS vor, die die Ergebnisse präsentieren müssen • SuS stellen Fragen vor und kleben diese an die Tafel • SuS äußern sich ggf. • LAA sammelt Plakate ein	Frontal Unterrichtsgespräch	Kärtchen mit Fragen, Tafel, Plakate, Magnete
	• verbleibt noch Zeit, teilt LAA einen Fragebogenzettel aus • SuS übertragen Fragen von Tafel auf den Zettel	Frontal	Fragebogen
Hausaufgabe	• LAA erteilt HA: SuS sollen sich Regeln für den Bauernhofbesuch zu Hause überlegen und schriftlich festhalten	Frontal	Hausauf- gabenheft,

---

[2] LAA = Lehramtsanwärterin

Anhang:

Der Alltag auf einem landwirtschaftlichen Betrieb

Ein Landwirt heute hat sich spezialisiert, das heißt er baut zum Beispiel nur Getreide wie Weizen, Gerste oder Futtermais an, oder er hat große Obstplantagen. Ein anderer besitzt hingegen entweder nur eine Schweinezucht, eine Hühnerfarm, eine Rindermast oder Milchvieh. Durch die Beschränkung auf eine oder wenige Tier- oder Pflanzenarten, kann die Arbeit automatisiert werden und das Füttern und Entmisten wird über einen Computer gesteuert. Somit spart der Landwirt teure Arbeitskräfte. Das bedeutet jedoch, dass der Arbeitstag eines Landwirtes lang ist und er nur wenig Urlaub hat. Er beginnt morgens bereits sehr früh und endet abends erst spät. Es ist notwendig so früh aufzustehen, um viele Arbeiten und Aufgaben erledigen zu können. Als erstes muss der Bauer morgens die Tiere in den Ställen versorgen. Hat ein Landwirt Kühe, so werden diese zunächst mit elektrischen Melkmaschinen gemolken. Danach werden sie gefüttert und die Ställe ausgemistet. Bei schönem Wetter bringt der Bauer das Milchvieh auf die Weide. Anschließend erledigt er die Feldarbeit, denn das meiste Futter erzeugt der Betrieb auf den großen Ackerflächen selber. Dazu benötigt er moderne Maschinen, wie große Traktoren, Mähdrescher und Sämaschinen, die sehr viel Geld kosten und regelmäßig gewartet werden müssen. Außerdem muss der Landwirt Dünger, Saatgut und Pflanzenschutzmittel sowie gutes Kraftfutter für die Tiere kaufen. Während der Bauer auf dem Feld ist, kümmert sich die Landwirtin um den Haushalt. Außerdem geht sie heutzutage häufig noch einer außerhäuslichen Berufstätigkeit nach. Die Söhne des Landwirtes arbeiten meistens ebenfalls in dem landwirtschaftlichen Familienbetrieb mit. Dafür gehen sie heute zunächst auf eine landwirtschaftliche Schule oder zur Universität, um dort eine gute Ausbildung zu bekommen. Es reicht nicht mehr aus, nur in die Lehre des Vaters zu gehen. Die Töchter hingegen arbeiten meist nicht mehr auf dem Hof. Am späten Nachmittag werden die Kühe wieder von der Weide geholt, gefüttert und noch einmal gemolken. Doch auch jetzt ist der Arbeitstag des Landwirtes noch nicht beendet, denn er muss noch die Buchhaltung (Büroarbeit) erledigen. Der Bauer muss einiges an Geld in seine Landwirtschaft „hineinstecken", man sagt investieren. Sein Hof ist ein richtiges Unternehmen geworden. Er muss es gut verwalten, um seine Produkte zu den besten Bedingungen zu verkaufen und damit Gewinne zu erzielen. Mit dem Verkauf der eigenen Produkte hat der Landwirt aber meist nichts zu tun. Er verkauft seine Tiere oder Erzeugnisse beispielsweise an Molkereien oder Schlachthöfe, wo sie dann weiterverarbeitet werden, bevor wir sie im Supermarkt oder auf dem Wochenmarkt kaufen können.

EXPERTENGRUPPE:

<u>Arbeitsauftrag:</u>

Der Text gibt dir einige Informationen zu deinem Spezialgebiet.

➤ Lies 📖 den Text „ Der Alltag auf einem landwirtschaftlichen Betrieb" noch einmal durch.

➤ Unterstreiche ✐ wichtige Wörter, die mit deiner Expertengruppe zu tun haben.

➤ Denkt nach und überlegt euch gemeinsam in der Gruppe 🗨 mindestens 4 Fragen zu eurem Spezialthema, die ihr dem Landwirt Brüggemeier stellen wollt und schreibt ✐ diese auf Kärtchen auf.

Name:_____   Klasse:_____

Fragebogen zum Brüggemeier Hof

1. Allgemeines zum landwirtschaftlichen Betrieb

- _____
- _____
- _____
- _____
- _____

2. Arbeiten des Landwirtes

- _____
- _____
- _____
- _____
- _____

3. Ausstattung des landwirtschaftlichen Betriebes

- _____
- _____
- _____
- _____
- _____

4. Tierhaltung und Ackerbau

- _____
- _____
- _____
- _____
- _____

5. Früher und heute

- _____
- _____
- _____
- _____
- _____